MÉMOIRE

SUR LE

MARRONIER D'INDE.

ORLÉANS. IMPRIMERIE DE DANICOURT-HUET,
RUE ROYALE, N° 94.

MÉMOIRE

SUR LE

MARRONIER D'INDE,

SUR SES PRODUITS,

ET PARTICULIÈREMENT SUR LE PARTI AVANTAGEUX QU'ON PEUT TIRER DE L'AMIDON OU FÉCULE DE SON FRUIT EXTRAIT PAR UN PROCÉDÉ PARTICULIER;

Par M. C. F. Vergnaud-Romagnési,

Membre de la Société Royale des Sciences, Belles-Lettres et Arts d'Orléans, et de la Société d'Encouragement pour l'industrie nationale.

« Je ne doute point qu'un jour quelques hommes animés « de l'esprit public, et ayant des marrons d'Inde assez abon- « damment à leur disposition, ne trouvent des procédés « pour donner à ce fruit une destination vraiment utile à « la société. C'est dans les temps d'abondance qu'il faudrait « s'en occuper. L'homme aux prises avec le besoin est inca- « pable d'aucune recherche heureuse ; n'attendons jamais « à sentir le prix de ce qui nous manque, qu'il soit im- « possible de se le procurer. »

PARMENTIER.

Extrait du tome VII des Annales de la Société Royale des Sciences, Belles-Lettres et Arts d'Orléans.

PARIS,

RORET, LIBRAIRE, RUE HAUTEFEUILLE.

1825.

MÉMOIRE

SUR LE

MARRONIER D'INDE

ET

SUR SES PRODUITS.

C'EST sans doute entreprendre une tâche difficile, que de parler encore du marronier d'Inde, après tant d'essais infructueux sur les moyens d'en utiliser les produits. C'est peut-être de la témérité que de vouloir, par des expériences plus productives que celles indiquées jusqu'à ce moment, attirer l'attention sur le parti qu'on pourrait tirer de ce bel arbre, si vanté d'abord et si décrié maintenant. Mais l'opinion de Parmentier a dû nous rassurer et nous encourager, car il pensait que, quoiqu'il eût beaucoup travaillé sur le fruit du marronier d'Inde, il laissait beaucoup à faire. Nous espérons en outre qu'en appréciant le but principal que nous nous sommes proposé, celui d'obtenir à peu de frais l'amidon d'un fruit que la nature nous offrirait en grande quantité, si l'on reconnaissait l'utilité de sa culture, on nous saura quelque gré d'avoir fait de nouveaux efforts pour simplifier les opérations qui ont été proposées, et obtenir un meilleur résultat.

Ce bel arbre, originaire de l'Asie septentrionale, et parfaitement naturalisé en Europe, fut apporté en Autriche en 1650, en France vers 1656 (1), en Angleterre en 1638.

Tournefort le nomme *hyppocastanum vulgare;* Linné, *æsculus hyppocastanum*; il fait partie d'un genre de l'heptandrie monogynie et de la famille des malpighiacées. On connaît trois autres espèces de marroniers d'Inde, dont on a fait un genre sous le nom de *pavie;* ces trois espèces fructifient rarement dans nos climats, et ne sont que des arbustes dont les fleurs ornent nos parterres.

Le marronier d'Inde proprement dit croît avec vigueur dans nos contrées et dans presque

---

(1) L'époque précise de son introduction en France est incertaine; cependant elle semble nous être transmise par cette inscription écrite au Musée d'histoire naturelle sur une coupe transversale du second marronier d'Inde cultivé à Paris. « Il fut planté au Jardin du Roi en 1656; il est mort en 1767; il a vécu cent onze ans. »

tous des terrains. Il devient très-gros et très-élevé dans les terres qui lui conviennent, sa forme majestueuse et pyramidale, la richesse et la multiplicité de ses fleurs, dont les magnifiques grappes blanches et légèrement purpurines au milieu tranchent avec le vert de son feuillage, font de cet arbre un des plus beaux ornemens de nos promenades publiques. Cultivé en grand, il ajouterait aux charmes de nos forêts, l'épaisseur de son ombrage, la facilité avec laquelle il croît dans les terres les plus arides et brave les froids les plus rigoureux, le rendraient un des arbres les plus intéressans, si la nature de son fruit, toujours abondant, et la qualité de son bois, répondaient à ses agrémens.

Les fleurs du marronier d'Inde, ayant un tissu très-serré, résistent facilement aux trois fléaux des fleurs à fruit, la gelée, le vent et la pluie, de là vient sa grande et constante fructification. On serait donc certain d'une récolte avantageuse si l'on parvenait à tirer parti de ce fruit; car alors les cultivateurs, qui trouveraient à le vendre, donneraient sans doute au marronier d'Inde la préférence sur quantité d'arbres qui deviendraient moins utiles, et dont ils sont obligés de garnir les terres peu propres à la culture des céréales ou au pacage.

Beaucoup de tentatives ont été faites pour

utiliser le bois, l'écorce, les feuilles et le fruit du marronier d'Inde. Cet arbre et ses produits ont eu de nombreux partisans et beaucoup de détracteurs; il a été l'objet d'une espèce d'engouement et ensuite abandonné pour ainsi dire ignominieusement; tel est le sort de tous les végétaux qu'on a prônés avec trop d'enthousiasme avant de s'être bien assuré de leur véritable valeur. Il y a peut-être autant d'injustice à rejeter le marronier des plantations actuelles, qu'il y avait d'erreur à le regarder comme un arbre susceptible d'augmenter éminemment nos ressources et nos richesses.

Le but de ce Mémoire étant de donner le détail de nouvelles expériences faites sur le marronier d'Inde, et quelques simplifications de celles déjà connues, nous croyons devoir énumérer succinctement les différentes notions qui ont été données sur les produits de cet arbre; nous avons répété avec soin la plupart de ces essais, au moins ceux qui présentaient quelques chances de succès, et les résultats trouveront leur place à la suite des opérations consignées dans divers écrits, et que nous avons regardé comme utile de réunir ici.

Avant tout nous répondrons brièvement aux trois reproches principaux qu'on adresse au marronier d'Inde :

1° L'inutilité de son bois;

2° Le désagrément de la chute précoce de ses feuilles;

3° L'inutilité de son fruit, dont l'amertume est aussi désagréable aux hommes qu'aux animaux.

I. Le bois du marronier, quoique tendre et spongieux, est très-bon lorsqu'il est employé aux mêmes ouvrages que le tilleul, le platane, le sapin, le peuplier, et la plupart des bois blancs. Il a sur quelques-uns d'entre eux l'avantage de durer plus long-temps lorsqu'il est préservé de l'humidité, et d'être rarement piqué par les vers; on peut en faire des chevrons de brin et de sciage, de la volige et même des poutres de moyenne portée; à la vérité le sapin, dont on commence à se servir dans les constructions, a plus d'élasticité que le marronier, mais le bois du marronier est plus compact, et ses fibres étant plus liées entre elles, il éclate difficilement, inconvénient grave dans le sapin. Indépendamment de ces usages dans les grandes constructions, il convient aux sculpteurs, aux tourneurs et aux ébénistes, qui tous pourraient tirer un bon parti de ses loupes, improprement appelées racines, et en faire de jolis ouvrages, car ce bois prend très-bien toute espèce de couleur et de vernis. Dans plusieurs pays on le substitue au frêne et à l'orme pour faire les jougs d'attelage des bœufs; il convient beaucoup à ce genre de harnais par sa légèreté et parce qu'il résiste aussi bien que des bois plus durs aux efforts de ces animaux (1).

II. Le désagrément de la chute de ses feuilles dans les premiers jours de l'automne est d'un bien faible intérêt; et si l'on considère que la tendre verdure de cet arbre nous annonce la première le retour du printemps, on lui saura gré de sa précocité, sans oser lui adresser ce reproche. Vainement on a tenté et l'on tenterait encore de nourrir des animaux de son feuillage (avantage précieux dont jouissent un bien petit nombre d'arbres), ils le repoussent tous, mais les feuilles des arbres sont généra-

---

(1) Suivant les renseignemens qu'a bien voulu nous communiquer M. le baron de Morogues, il est employé avec succès à faire des sabots, et sa durée dans cet emploi est presque égale à celle des bois les plus durs. Depuis plusieurs années un sabotier d'Orléans, dont nous avons visité l'atelier, en met en œuvre une grande quantité, qu'il tire de diverses propriétés du département, et notamment de la terre de la Source; il le préfère de beaucoup à l'aulne, au bouleau, et le regarde comme presque égal pour la durée au frêne et à l'orneau, mais comme bien inférieur au noyer.

lement employées pour la litière des étables, et celles du marronier, étant en grand nombre, se détachant seules et d'assez bonne heure, comme celles du tilleul, on peut aisément les conserver pour les écuries. Nous nous sommes assuré que ce feuillage, sec et brûlé, donnait par la lixiviation de ses cendres beaucoup plus d'alcali que les autres feuillages également réduits en cendre; ne conviendrait-il point sous cette forme à l'amélioration des prés, indépendamment de la potasse qu'on en peut tirer. Ses feuilles vertes ont été employées avec succès à Lyon dans l'apprêt des chapeaux. On les fait bouillir, et elles rendent alors une substance muqueuse, collante, propre à servir d'empoi au feutre.

III. Quant à l'inutilité de son fruit, la série de tentatives qui va suivre et les expériences que nous avons faites répondront à cette objection, la plus grave de toutes.

On a écrit que ce fruit, qui se sépare seul de son enveloppe, pouvait blesser en tombant dans les promenades publiques; mais la chute d'une pomme à cidre serait bien plus dangereuse, et cependant cette crainte n'a jamais empêché un Normand de se promener dans les allées qui avoisinent toutes les habitations de sa riche province.

On avait remarqué que le cerf, la biche, le

chevreuil même, et quelquefois le sanglier ; le mangeaient dans son état naturel.

On a essayé d'en nourrir des chiens et des porcs ; mais ces animaux domestiques le refusent également, et il ne leur conviendrait qu'en cas de disette absolue.

Le marron d'Inde donné comme aliment a mieux réussi sur des bœufs que sur tous les autres animaux, et l'on a remarqué que des bêtes à corne mises à l'engrais avec ce fruit coupé et cuit ont été mieux vendues que celles engraissées avec les substances ordinaires ; leur suif était solide et abondant.

Le lait des vaches nourries de la même manière était bon, en grande quantité, et sans aucun goût étranger.

M. de Puymarin affirme avoir nourri des moutons avec ce fruit, et que le lait des brebis mères était de bonne qualité.

M. Boos a dit que son père avait guéri des moutons d'une maladie épidémique qui faisait beaucoup de ravages dans la principauté de Bade, en leur donnant pour nourriture des marrons d'Inde.

Sans doute M. de Puymarin et M. Boos avaient déguisé la saveur des marrons, ou les avaient préparés pour en faire manger aux moutons, car ils ont généralement un peu de répugnance pour cet aliment dans son état naturel (1).

En Angleterre on a rempli de vieilles futailles de marrons, on les a laissés pendant trois à quatre jours dans une rivière bien courante où ils perdaient un peu de leur amertume, et ils servaient ensuite à engraisser des porcs et à nourrir des daims.

Nous avons reconnu que, pour obtenir une diminution un peu sensible dans la saveur amère du marron, il ne suffisait pas d'une macération de trois ou quatre jours, mais qu'il fallait la prolonger au moins huit jours dans une eau souvent renouvelée, et couper préalablement les marrons.

On a proposé de faire macérer des marrons dans des lessives alcalines, de les broyer ensuite et d'en nourrir des volailles; il paraît que ce procédé a réussi, et que des volailles ont été engraissées ainsi assez promptement. Mais cette ressource

(1) Cependant quelques propriétaires en donnent à leurs mérinos, qui en sont assez avides lorsqu'ils le rencontrent frais sous les arbres, et qui l'aiment beaucoup moins lorsqu'on le leur présente dans l'étable. Ils ont du reste assez généralement remarqué qu'il était prudent de ne leur en point laisser manger en paissant une trop grande quantité, ce qui les engraisse trop.

serait bien bornée, surtout en raison des préparations à faire subir au fruit.

Le marron d'Inde a été séché et réduit en farine pour en préparer de la colle pour les relieurs. On a beaucoup vanté cette colle, qu'on prétendait devoir, par sa saveur amère, préserver les livres de l'attaque des vers, ce fléau des bibliothèques en France, à Cayenne et dans le Levant.

Nous sommes convaincus que la colle préparée avec cette farine et bien cuite peut être employée de même que la colle de farine de blé; elle adhère fortement aux corps sur lesquels on l'étend, et se durcit promptement dans un lieu sec. Quant à sa saveur amère, elle dure peu de temps; au bout de six mois ou d'une année elle n'en conserve point, et ce serait alors que ce goût deviendrait le plus utile pour protéger les livres.

Quelques relieurs, pour atteindre à ce but, mettent dans leur colle de la coloquinte ou de l'aloès. L'amertume de ces substances passe également avec le temps; l'emploi de la suie serait préférable, en ce qu'elle conserverait à la colle une amertume presque perpétuelle. Du reste la colle de marron, substituée à celle de blé, serait bonne sous le rapport de l'économie.

Antoine, pharmacien à l'hôpital du Val-de-

Grâce, a dit n'avoir obtenu à la distillation que de l'acide acéteux qui lui semblait exister dans ce fruit avant sa fermentation, et dont il croyait la présence démontrée par sa seule infusion dans l'eau, en employant pour s'en convaincre les réactifs nécessaires. Cette assertion est en contradiction avec la réussite d'expériences tentées pour mettre le marron d'Inde en fermentation et en retirer de l'alcool propre au vernis.

Désirant savoir le parti qu'on pourrait tirer du marron d'Inde mis en fermentation, nous avons employé le procédé usité en Allemagne pour les pommes-de-terre, et nous avons reconnu la possibilité d'en obtenir de l'alcool, mais le goût en est mauvais, et la quantité est peu satisfaisante.

Ce fruit a été employé au blanchîment du linge; à cet effet on râpait deux marrons par pinte d'eau qu'on faisait chauffer, afin de développer les principes lixiviels qu'ils contenaient, et l'on se servait de cette lessive comme d'une eau de savon.

Ce moyen de blanchir les tissus réussit mal et n'a pu convenir que dans les temps de disette de soude et d'huile, car le linge est d'une teinte jaunâtre et conserve une odeur désagréable.

M. Marcandier, orléanais, auteur d'un traité

fort estimé *sur les chanvres*, a fait quelques essais sur le marron d'Inde appliqué au blanchîment; il affirme que, préparé convenablement et suivant le procédé qu'il indique, ce fruit donne de bons résultats, sans pourtant remplacer le savon.

Nous n'avons pas trouvé autant de propriétés au marron d'Inde, employé pour le blanchîment, qu'en annonce M. Marcandier. Ce fruit contient à la vérité une grande quantité d'alcali, mais cet alcali ne s'y trouve point à nu, et c'est seulement par la combustion qu'on en reconnaît la quotité et la présence. Il en fournit comparativement plus qu'aucun des végétaux, à l'exception des plantes qui servent ordinairement à fabriquer la potasse. Cinquante livres de cendres de marron peuvent donner trente-cinq à trente-six livres de potasse (1) pure et de

---

(1) Ce produit est à peu près égal à celui du Lycée des Arts, indiqué dans son mémoire à la convention; *V*. Journal du Lycée des Arts, sept. 1795, p. 33 et 42 (12 onces 1/2 de cendres lui ont donné 9 onces d'alkali fixe ou de potasse de première qualité). A la vérité ce produit varie beaucoup, ainsi que nous l'avons reconnu, suivant les lieux où le marron a été recueilli, et le plus ou moins de sécheresse de l'année dans laquelle on le récolte.

première qualité. Ce produit est un des plus avantageux à retirer du marron d'Inde.

Quelques fabricans ont annoncé de la bougie faite avec ce fruit; mais il ne servait, par sa saveur amère et astrictive, qu'à dépurer le suif de mouton et à le rendre plus solide; loin d'en augmenter la quantité, il la diminuait beaucoup, quoique l'huile qu'il contient dût se combiner avec le suif. Sa pulpe n'étant pas de nature à se mêler avec des matières grasses, le déchet qu'elle occasionne dans la préparation du suif portera toujours ces bougies à un prix trop élevé.

On peut extraire du marron une espèce d'huile; à cet effet on le réduit en pâte, on l'expose à une douce chaleur, et l'on recueille l'huile qui en découle par la pression, mais elle est en petite quantité.

On peut substituer le marron à la pâte d'amande pour la toilette. Il faut alors peler les marrons récens, les faire sécher, les piler et les passer au tamis. Une pincée de cette poudre jetée dans un verre d'eau rend le liquide blanc et savonneux. Cette eau donne à la peau beaucoup de souplesse et de blancheur, produites sans doute par l'huile que ce fruit contient.

Chomel, M. Marcandier et d'autres auteurs regardent le marron d'Inde, râpé et pris par le nez en guise de tabac, comme un violent sternutatoire lorsqu'il est aspiré avec excès. Chomel dit qu'à la dose de deux à trois pincées il peut soulager de la migraine, mais qu'il est dangereux de l'administrer.

Il raconte qu'une religieuse, ayant trouvé dans l'usage constant de cette poudre un grand adoucissement aux migraines qu'elle éprouvait, en prit pendant une année; que cette poudre excitait chez elle une fréquente expectoration, mais qu'au bout de ce temps elle éprouva des vomissemens réitérés et un délire complet, accompagnés d'une jaunisse qui mit fin à son existence. Devons-nous reproduire, pour ne rien omettre, la proposition si futile d'employer le marron à l'éclairage comme lampe de nuit? plusieurs ouvrages, et particulièrement l'Encyclopédie, l'indiquent comme l'un des moyens d'utiliser ce fruit.

On mettrait macérer un marron vingt-quatre heures dans huile, on le percerait ensuite pour y introduire une mèche, on le placerait dans un verre plein d'eau, il surnagerait, et en allumant la mèche on s'en servirait comme d'une lampe pendant la nuit. Ce procédé, dont on ne voit guère l'avantage, est d'ailleurs presque impraticable, ainsi que nous en avons acquis la certitude.

M. Francheville, de l'académie de Berlin, avait annoncé que le marronier d'Inde, greffé sur lui-même trois fois, produisait des fruits sans amertume et aussi bons que les marrons ordinaires. Un autre auteur a écrit que le pêcher greffé sur cet arbre produisait des pêches énormes mais amères. Ces faits, qu'il faut reléguer avec ceux enfantés par l'imagination des poètes et des agronomes de cabinet, ont été démentis par beaucoup d'agriculteurs.

L'assertion de M. Francheville a donné lieu à d'autres essais du même genre.

Nous avons tenté de greffer des marrons de la meilleure espèce sur des marroniers d'Inde; cent greffes ont été pratiquées deux années de suite sans qu'aucune ait réussi, et cependant la moitié de ces greffes avaient été faites par un greffeur très-expérimenté. Il nous semble difficile que cette opération, qui a été pratiquée par d'autres personnes, ainsi que nous l'avons appris depuis, réussisse, car nous n'avons pas trouvé d'analogie entre la sève des deux arbres; pourtant il nous semble possible de trouver un fruit qui puisse être greffé sur le marronier, ce qui serait précieux en raison de l'abondance de sa sève, puisque nous sommes parvenu, ainsi que plusieurs jardiniers, à greffer du marronier ordinaire sur du chêne, quoique la sève de ces deux arbres semble bien différente ; à la vérité il faut apporter pendant long-temps un soin tout particulier à empêcher la greffe de se décoller du sujet.

Au milieu de ces expériences, la plupart infructueuses, pour tirer parti du marron d'Inde, on en trouve de plus utiles, et qui sont dues à des hommes dont les nombreux et constans travaux ont rendu de grands services à l'humanité.

M. Bon, de la société des sciences de Montpellier, avait proposé d'ôter l'amertume des marrons d'Inde en les faisant tremper, pelés et coupés, pendant quarante-huit heures dans une lessive alcaline, et en les lavant dix jours de suite de vingt-quatre heures en vingt-quatre heures avec de l'eau pure jusqu'à ce qu'ils eussent pris une couleur blanche et un goût insipide sans amertume.

Ce procédé est long et ne réussit pas complètement ; cependant il a contribué à diriger notre attention vers les acides comme moyen d'enlever au marron son goût amer et désagréable.

Parmentier et Baumé ont tourné vers ce fruit leur génie philanthropique, et par des procédés mieux calculés et d'un intérêt plus grand ils ont obtenu des résultats satisfaisans, mais à trop grands frais ou avec le mélange de substances qui masquaient plutôt la saveur repoussante du marron qu'elles ne le rendaient propre à servir d'aliment à l'homme et aux animaux.

Je vais rapporter succinctement leurs travaux, car c'est toujours avec un nouveau plaisir qu'on suit les expériences de ces deux célèbres chimistes, et d'ailleurs leurs travaux sur cet objet ne sont guère décrits que dans des ouvrages purement scientifiques et par conséquent peu répandus.

Parmentier, toujours mu par le désir d'être utile à ses compatriotes, leur avait procuré la pomme-de-terre; que de peine et de soins ne s'est-il pas donnés pour démontrer les avantages de sa culture, et pour habituer le peuple à cet aliment devenu maintenant indispensable! Il lui fallut employer la ruse et une grande persévérance pour y réussir; il fit garder à dessein le champ où il en avait planté près de Paris, pour fixer l'attention sur sa récolte, dont il se laissa dérober exprès une partie. Il offrit au roi les premières fleurs de ce tubercule, et tout Paris vit un bouquet de fleurs de pommes-de-terre orner la boutonnière de l'infortuné Louis XVI. Non content d'avoir procuré cette précieuse ressource à la France, il mit tous ses soins à lui en donner de nouvelles en cherchant à utiliser divers fruits. Il s'occupa du marron d'Inde, dans lequel sans doute il reconnaissait beaucoup de principes nutritifs; et il dit : « Je propo- « serai de traiter le marron d'Inde à l'instar du « manioc, dont on retire cette cassave si saine, « et qui se trouve jointe dans la racine à un « poison si violent.

« Après avoir râpé des marrons récens dé- « pouillés de leur écorce et de leurs membranes « intérieures, je les ai réduits en une pâte molle, « et je les ai enfermés dans un sac de toile « serrée; j'ai soumis le sac à la presse, il en « est sorti un suc visqueux, épais, d'un banc « jaunâtre, et d'une amertume insupportable. Le « marc était blanc et très-sec. Je l'ai délayé dans « l'eau en le divisant le plus possible.

« La liqueur laiteuse, passée à travers un tamis « de crin très-serré, a été reçue dans un vase « plein d'eau; j'ai obtenu enfin, par des lotions « et la décantation, une fécule douce au toucher, « et qui, desséchée à une chaleur modérée, était « *peu abondante*, blanche et sans saveur, avec « tous les caractères d'un véritable amidon, tan- « dis que la partie fibreuse, même desséchée, « conservait *un goût amer insupportable*, et « tel que douze à quinze grains de sa poudre « suffisaient pour le communiquer à une livre « de farine de froment.

« Pour panifier cet amidon j'en ai mêlé quatre

« onces avec autant de pommes-de-terre cuites « à l'eau, j'en ai formé une pâte avec une quan- « tité relative de levain de farine de froment; « ce pain était bon, mais fade, un peu de sel « était indispensable. »

Le prince Ferdinand de Prusse fut alors si frappé de cet essai qu'il fit faire un gâteau composé avec cet amidon, et il le trouva tellement agréable au goût qu'il en envoya la recette à Parmentier (1).

Parmentier ajoute : « L'amidon du marron « d'Inde, malgré le *peu qu'on en tire*, serait « précieux dans les temps de disette, et peut « être employé aux mêmes usages que tous les « autres amidons, etc. »

Selon Parmentier, une livre de marrons d'Inde récens traités d'après sa méthode contient deux onces quatre gros de matière utile... 2 onc. 4 g.

Deux onces de parenchyme amer.. 2 onc.

Le reste en écorce, extrait et humidité.

On voit combien l'opération qu'il indique serait impraticable dans une grande manutention, et quel petit produit elle donne en amidon,

---

(1) Il se fait en mêlant l'amidon de ce fruit avec du beurre, des œufs, de l'écorce de citron et un peu de levure de bière.

le reste étant inutile puisque le parenchyme conserve un goût amer repoussant.

Baumé indique trois moyens d'obtenir l'amidon du marron d'Inde; dans le premier on prend six livres de marrons écorcés, on les met tremper dans l'eau pendant vingt-quatre heures; l'eau d'infusion dissout une petite quantité de matière extractive, elle devient d'une couleur rousse et d'un goût amer; c'est le moment de dépouiller les marrons de leur seconde peau, ce qui s'opère en les faisant aller et venir dans une toile tenue par deux personnes; ce froissement entre eux et contre le linge les dépouille promptement de cette pellicule. Ainsi préparés on les pile dans un mortier et on les réduit en pâte, à l'aide d'un rouleau comme pour faire du chocolat; on les met ensuite dans un grand bocal de verre ou de terre, avec dix livres d'esprit de vin à 30 deg. On expose cette infusion au soleil ou dans un lieu chaud en l'agitant plusieurs fois le jour. Au bout de vingt-quatre heures on le coule au travers d'un linge en exprimant fortement. On remet cette farine dans le bocal avec dix livres de nouvel esprit de vin, on la laisse infuser vingt-quatre heures, on réitère quatre autres infusions semblables dans dix livres d'esprit de vin chaque fois, ou jusqu'à ce qu'il n'en tire plus aucune couleur.

On étend la farine après l'avoir fortement pressurée sur des clisses d'osier garnies de papier; on la fait sécher à l'air ou à l'étuve, elle est très-blanche et sans amertume; on la réduit en poudre et on la passe au tamis de soie.

On en mêle une certaine quantité avec des pommes-de-terre ou de la farine de froment, et l'on fait le pain à l'ordinaire.

Ce procédé, reconnu trop dispendieux par M. Baumé lui-même, n'a besoin d'aucune réflexion pour faire sentir l'impossibilité de l'employer en grand.

Le second procédé qu'il donne serait d'un usage plus facile. On écorce et l'on monde six livres de marrons d'Inde, comme dans la première opération; après les avoir pilés et broyés de même, on délaie cette pâte dans trois cents pintes d'eau pure environ, et le mélange est agité avec une spatule ou un balai; il mousse comme de l'eau de savon. La mousse, étant inutile, est enlevée avec une grande écumoire, on laisse reposer le liquide pendant deux heures au moins. On décante l'eau avec beaucoup de précaution, en prenant garde de laisse couler la farine avec l'eau.

On jette sur la farine une nouvelle quantité d'eau égale à la première, on la décante avec les mêmes précautions, enfin on réitère ces lotions jusqu'à ce que l'eau de lavage ne soit ni laiteuse ni verdâtre, et sans la moindre saveur. Il convient de donner huit ou dix lavages en deux ou trois jours; on met égoutter cette farine sur un linge, etc. On passe de nouvelle eau dessus pour la mieux laver, on la met à la presse pour en exprimer toute l'eau, après quoi on l'étend sur des clisses d'osier garnies de papier, on la fait sécher au soleil, on la pulvérise ensuite, on la passe au tamis de soie, et on la conserve dans un bocal de verre bouché de papier seulement. Elle est alors en état de faire du pain, étant mêlée avec des pommes-de-terre ou de la farine de blé.

Quels soins pour un résultat évidemment bien petit, quelle quantité d'eau pour six livres de fruits, et encore le marc et les eaux de lavage sont perdus.

Le troisième procédé est à peu près semblable au deuxième; seulement on écorce les marrons, on les fait sécher, on les réduit en poudre très-fine, puis on délaye la poudre dans l'eau.

Baumé indique de mêler ces farines dans les proportions de 8 onces de farine de marron d'Inde et de 8 onces de farine de froment; on pétrit à l'ordinaire moitié du mélange avec 20 gros de levain, et de l'eau en quantité suffisante;

on laisse fermenter douze heures; on réunit cette pâte à l'autre moitié, on les pétrit ensemble avec un gros de sel, on fait cuire à l'ordinaire, et l'on obtient 24 onces de pain blanc bien léger. La farine étant un peu *huileuse* (1), la pâte est un peu grasse; elle se lisse d'elle-même à peu près comme la pâte de pâtissier.

Tous ces résultats sont décourageans par leur peu de produit, et la moitié des matières utiles se trouve perdue dans des manutentions longues et coûteuses.

Quelques chimistes, et particulièrement Zanichelli, pharmacien à Venise, avaient vanté la vertu fébrifuge de l'écorce du marronier d'Inde et de la première peau de son fruit. Zanichelli a même publié une dissertation sur les cures qu'il a obtenues avec cette écorce, qu'il compare, d'après ses observations et l'analyse chimique qu'il annonce en avoir faite, au meilleur quinquina. Cotsle et Villemet ont appuyé et confirmé ses dires; Zulatti, au contraire, affirme que ce remède a produit de funestes effets.

Depuis ces assertions sur la vertu fébrifuge

---

(1) Sans doute la farine était mal purifiée, car lorsqu'elle l'est bien elle ressemble à tous les amidons, et n'est pas huileuse.

du marron d'Inde, on l'a analysé avec plus de soin et avec cette exactitude qui caractérise les progrès de la science chimique. Il en résulte que l'eau ou les esprits faibles sont les meilleurs dissolvans de son écorce. L'infusion aqueuse de cette écorce a une couleur fauve et une saveur amère, sans être astringente. Elle précipite abondamment par la gélatine et peu par les acides. Une petite quantité de sulfate de fer donne à l'infusion une couleur verdâtre. Le nitrate de mercure y forme un précipité abondant; l'infusion de noix de galles et le tartrate antimonié de potasse n'y produisent aucun changement.

D'après ces propriétés, il est évident qu'elle diffère entièrement dans ses parties constituantes des diverses espèces de quinquina examinées par Vauquelin (1).

---

(1) Ce mémoire était écrit depuis plus d'un an lorsque nous vîmes paraître l'annonce d'un essai sur le marronier d'Inde, par M. Francesco Cansonévi, de Palerme. Nous n'avons pu nous procurer encore ce mémoire, publié en italien; mais d'après l'extrait inséré dans le Journal de pharmacie (nov. 1823), il semble que M. Cansonévi, après avoir passé en revue les expériences faites jusqu'à ce jour, et notamment celles de Parmentier et Baumé, ne donne aucun procédé nouveau pour l'extraction de la fécule. Il s'occupe par-

Nous occupant depuis fort long-temps du marronier d'Inde et du parti qu'on en peut tirer, ayant répété presque toutes les expériences qu'on a faites sur ses produits, nous avons cru reconnaître qu'on devait renoncer à attribuer à son écorce et à celle de son fruit une vertu fébrifuge, à moins que le climat de l'Italie ne lui donne des propriétés contestées en France; que son feuillage comme encolage des chapeaux ne valait pas mieux que la préparation usitée et n'était pas plus économique; qu'on ne pouvait regarder ses feuilles comme un bon fourrage, mais qu'elles pouvaient rendre un grand service, employées en engrais, après avoir servi de litière dans les étables.

Son bois et son fruit nous ont paru seuls intéressans et susceptibles d'être rendus très-utiles à la société.

Nous avons dirigé vers ce but tous nos efforts, de nombreux essais, et des observations aussi constantes qu'il nous a été possible de les faire.

Le marronier croît lentement jusqu'à l'âge de cinq à six ans; il pousse ensuite avec

ticulièrement du produit d'une substance tirée du marron d'Inde, et qu'il appelle *æsculine*. Ce sulfate d'æsculine ne semble intéressant que sous le rapport de la science, car il paraît que ce chimiste ne lui attribue pas de vertu médicinale.

vigueur. Il peut être facilement transplanté jusqu'à l'âge de quinze ans. Il convient de le changer de lieu plutôt au commencement de l'hiver qu'à la fin, époque à laquelle sa sève glutineuse nuit à sa reprise en s'amoncelant à l'extrémité des racines, qu'on est obligé de rafraîchir. Son écorce, d'abord lisse et cendrée, devient ensuite brune et un peu gercée ; la qualité de son bois varie suivant les terrains dans lesquels il croît. Il est généralement léger et cependant compact ; les fibres en sont liées dans le genre de celles de l'ormeau ; il est très-utile débité en chevrons et en planches dites voliges.

Nous avons fait débiter du marronier en bardeau (sorte de couverture fort usitée dans quelques provinces) ; il est moins propre à cet usage que le châtaignier, attendu qu'il est moins dur, et que, ne se fendant pas aisément, il faut se servir de la scie, main-d'œuvre toujours chère. Dans les localités privées du châtaignier, le marronier serait préférable au chêne, parce qu'il ne se fendille point et qu'il se gondole peu. Son bois est peu propre au chauffage, mais taillé en têtard il jette beaucoup de branchages qu'on peut abattre tous les cinq ou six ans.

Les expériences intéressantes de MM. Parmentier et Baumé sur son fruit nous paraissaient décourageantes pour en faire de nouvelles ;

cependant il nous sembla que dans le procédé indiqué par le premier il devait y avoir une grande perte d'amidon, et qu'on pourrait simplifier les procédés de Baumé et les rendre moins coûteux. Nous avons tenté beaucoup de moyens d'obtenir un produit avantageux, sans penser à mettre en usage le plus simple, vers lequel notre attention fut dirigée par les écrits de M. Dombasle, de Nancy, sur la possibilité de convertir les amidons en sirop, et par la proposition de M. Kirchoff de les traiter par l'acide sulfurique et d'en obtenir, par la fermentation, de l'alcool.

Ces procédés, alors nouveaux, employés depuis avec succès pour la conversion de la fécule ou amidon de pommes-de-terre en alcool, nous excitèrent à chercher de nouveau les moyens d'extraire à peu de frais la fécule de marron d'Inde, que nous regardions comme très-abondante, et à voir si ces résultats pourraient être aussi productifs que ceux obtenus de la pomme-de-terre.

Nous parvînmes bientôt à extraire du marron d'Inde une quantité de fécule que nous regardons comme bien supérieure à celle qu'on retire de la pomme-de-terre, et à la préparer sans aucun goût amer ou désagréable.

L'opération par laquelle nous séparons l'amidon du marron est à peu près la même que celle qu'on emploie généralement pour la pomme-de-terre.

Mais le liquide dont nous nous servons pour enlever aux deux produits (la pulpe et l'amidon) la saveur amère, âcre et astrictive qui leur sont propres, étant différent, et constituant, suivant nous, un procédé nouveau, nous le décrirons en entier, afin qu'il soit facile de l'employer.

On prend des marrons d'Inde pilés (1), qu'on râpe à l'aide d'un instrument semblable à celui qui sert à réduire la pomme-de-terre en pâte (2). On laisse tomber le marc de marron, très-jaune et tellement onctueux qu'en le pétrissant il forme une masse, dans un tamis de crin très-serré ou dans un tamis de soie un peu clair et placé sur de l'eau contenue dans un baquet. Cette eau est aiguisée avec de l'acide sulfurique. On agite en tout sens et on divise le plus possible la pulpe du marron dans le tamis; la fécule se précipite promptement.

Le tamis est enlevé *au bout d'un quart d'heure*

---

(1) On peut se dispenser de cette préparation, mais la fécule est moins blanche.

(2) Il est nécessaire que l'instrument destiné aux marrons soit armé d'aspérités plus aigues et plus fortes que celui destiné aux pommes-de-terre; on peut aussi le piler.

et placé sur un second baquet plein d'eau acidulée dans la même proportion; l'on agite de nouveau le marc, il se précipite encore un peu de fécule; on retire le tamis et l'on exprime du marc le plus d'eau possible.

Il ne doit avoir alors aucun goût désagréable; s'il en conservait et qu'on voulût l'employer pour la nourriture des animaux qui l'aiment beaucoup, il faudrait le laver deux ou trois fois dans l'eau pure pour lui enlever ce qu'il peut conserver d'acidité. On le laisse ensuite bien égoutter, puis on l'étend dans un lieu aéré pour le faire sécher; en cet état il se conserve aisément d'une année à l'autre.

Quant à l'amidon qui est précipité au fond du premier baquet, on décante au bout d'une heure de repos et avec précaution l'eau qui le couvre; il se trouve au fond du baquet, et présente une masse assez solide. L'on agite alors fortement l'eau du second baquet pour y tenir en suspension ce qu'elle contient de fécule, et on la jette dans le premier baquet; ce second produit est mêlé, battu, et agité avec le premier de manière que toute la fécule soit en suspension dans l'eau. Au bout de deux heures de repos, le liquide doit être décanté avec soin (1)

(1) Cette eau peut être conservée pour servir de

jusqu'à ce que la fécule soit à nu au fond du vase ; alors on jette de l'eau pure (1) en même quantité que celle employée dans le premier lavage ; l'on brasse de nouveau la fécule et l'eau, et l'on décante de même au bout de deux heures. On jette pour la deuxième fois de l'eau pure sur la fécule, on la brasse et on la décante. Assez ordinairement ces deux lavages suffisent, et la fécule est sans saveur désagréable, et bien blanche, s'il en était autrement, il faudrait la laver à l'eau pure une troisième fois et avec les mêmes soins.

L'amidon étant ainsi lavé et sans saveur désagréable, on en enlève la superficie, qui est presque toujours grisâtre, et on la met de côté pour divers usages ; elle est placée pour sécher (ainsi que la fécule blanche) sur des claies couvertes de papier ou de linge ; dès qu'elle est privée de toute humidité, elle est passée au tamis de soie ; en cet état elle convient comme aliment, comme empoi, etc., etc. ; si on voulait la convertir en sirop et en alcool, il serait inutile de séparer celle qui est grise de celle qui est blanche, et aussi de la dessécher.

---

première eau acidulée à une seconde opération semblable; mais au bout de cinq à six jours elle ne vaut plus rien.

(1) Cette eau doit être conservée pour servir aux usages que j'indiquerai plus bas.

Il est très-difficile de préciser la quantité d'eau qui doit être employée dans les lavages, et il est également difficile d'indiquer juste le degré d'acidité à donner à l'eau des deux premiers.

Ces quantités doivent être proportionnées à la nature des marrons, qui sont plus ou moins gros, plus ou moins abondans en fécule, suivant le terrain qui les a produits. Généralement il doit y avoir assez d'eau, dans le premier lavage surtout, pour qu'elle ne devienne pas onctueuse au toucher, car alors la fécule précipite difficilement; il n'y a du reste jamais de danger à employer de l'eau en excès.

Quant à l'acidité, il est indispensable que l'eau des deux premiers lavages soit assez aiguisée pour que son goût se fasse sentir au palais en la dégustant : la préparation qui réussit le mieux pour les marrons les moins huileux est une partie d'acide sulfurique concentrée sur quatre cents parties d'eau, et pour les marrons les plus onctueux, une partie d'acide sur trois cents parties d'eau; on peut même mettre sans inconvénient une partie d'acide sur deux cents parties d'eau; ce dosage au surplus ne peut être nuisible aux produits, seulement il est plus coûteux (1).

---

(1) La communication de ce mémoire ayant donné lieu à d'autres expériences, il nous eût été agréable

Nous avons constamment obtenu par ces moyens et depuis quelques années de l'amidon très-pur et sans autre saveur que celle des autres amidons ; le marc ou la pulpe du marron était également sans saveur désagréable, et l'un et l'autre, placés dans un lieu sec, se sont bien conservés deux années. Nous avons opéré comparativement sur la pomme-de-terre traitée par l'eau pure, et sur le marron traité par l'eau acidulée. Le terme moyen de vingt-cinq préparations répétées deux ans de suite sur les deux fruits récens nous a donné onze pour cent de

---

de citer l'auteur de l'une de ces expériences dignes de l'attention publique ; mais sa modestie nous empêche de lui témoigner ici toute notre gratitude des peines qu'il s'est données pour répéter avec ce soin qui caractérise l'homme instruit et le praticien habile les procédés utiles et nouveaux qui peuvent être contenus dans ce mémoire.

Son procédé, que nous avons dû répéter, consiste à employer de la potasse caustique au lieu d'acide sulfurique ; il en résulte un produit en fécule plus blanc, plus léger, mais infiniment moins abondant que par l'acide sulfurique. La même opération faite avec de l'ammoniaque nous a donné les mêmes résultats, et cependant un peu moins de produit ; il résulterait de ces essais que les alkalis pourraient probablement être employés avec succès à la dépuration des farines avariées.

différence de produit en fécule en faveur du marron (1).

Outre cet avantage, le marron offrirait des facilités pour l'extraction de la fécule, que ne présente pas la pomme-de-terre; on peut en obtenir l'amidon en tout temps, tandis que la pomme-de-terre germe, se pourrit, s'altère et gèle facilement. Le marron, au contraire, est aussi facile à travailler sec que récent; il suffit de l'étendre dans un grenier, et de le remuer de temps en temps; dès qu'il est bien desséché, il peut se garder deux ou trois ans.

Pour obtenir la fécule des marrons secs, nous avons employé deux moyens:

Le premier a été de les concasser dans un mortier, de les vanner ensuite pour en enlever l'écorce, de les mettre macérer dans l'eau pendant quarante-huit heures, de les râper, et d'opérer ensuite comme s'ils étaient récens.

Le second moyen est plus prompt. Nous les avons concassés, vannés, puis moulus dans un moulin à blé à noix en fer, de l'invention

---

(1) Les marrons les plus avantageux nous ont donné en belle fécule 30 pour cent de leur poids brut. Les pommes-de-terre les meilleures nous ont donné 20 à 22 pour cent de leur poids brut.

de *Pécantin-Guiguet*. Cette farine a été traitée comme la pâte récente.

Nous avons trouvé la fécule obtenue des marrons secs par l'un et l'autre moyen aussi bonne que celle extraite des fruits récens ; mais elle était un peu moins abondante et moins blanche.

Cet amidon a été employé aux divers usages de la vie, en potages, en gâteau, en pain mêlé avec la farine de froment dans la même proportion qu'on mêlerait l'amidon de pomme-de-terre ; il a été trouvé aussi bon, et nous le croyons aussi sain.

L'amidon de marron d'Inde, converti en sirop par l'acide sulfurique et en alcool, nous a donné un produit égal à celui de l'amidon de pommes-de-terre ; d'où il résulterait que si ce fruit devenait plus commun on ne priverait point la classe indigente d'une grande ressource par la distillation de la pomme-de-terre, dont les produits en esprit-de-vin sont avantageux dans les années où il y a peu de vin, et qui sont presque toujours des années malheureuses, surtout dans les pays vignobles.

Nous avons dû tenter d'utiliser les eaux de lavage de la fécule ; et celles du premier, du deuxième, du troisième et du quatrième lavage nous ont donné, en les évaporant, un extrait abondant, d'une saveur alcaline, et brûlant assez facilement, en répandant une flamme semblable à celle qu'on obtient des résines.

La saveur alcaline que nous avons reconnue à l'extrait obtenu de la quatrième eau de lavage, qui n'avait pas conservé de saveur acide, nous a engagé à approprier au parement des tissus l'amidon du marron d'Inde cuit avec cette eau, qui nous semblait devoir donner par la cuisson à la colle ou parement des qualités hygrométriques précieuses et qu'on cherche depuis longtemps.

On sait que dans les fabriques de Normandie, de Bretagne et de Flandre, on se plaint journellement de ce que les ouvriers sont obligés de tisser les toiles dans des caves humides pour conserver au parement une souplesse et un moelleux que la sécheresse des lieux ordinairement habités lui ferait perdre promptement. Ces caves, peu éclairées et très-humides, nuisent à la perfection du tissu et à la santé des ouvriers.

Un bon parement ou encollage, que la plupart des tisserands appellent *chat*, doit être lisse, bien homogène, et d'une consistance telle qu'il puisse se diviser complètement dans les brosses pour être appliqué en tout sens sur la chaîne qui doit être mise à l'œuvre. Chaque localité a ses usages pour la composition du parement, et l'un des meilleurs est celui d'Alençon, de Lisieux et de

Château-du-Loir, qui se fait avec de la farine de seigle. A Laval et à Mayenne on y met de la farine de sarrasin, ce qui ne vaut rien.

Les inconvéniens des paremens généralement usités sont tels qu'on voudrait connaître un encollage qui pût donner par ses qualités hygrométriques la possibilité d'établir des métiers dans des locaux sains, aérés et clairs.

On a trouvé dans la farine du *phaleris canariensis* ou *alpiste* les qualités désirées; mais outre le prix trop élevé de cette farine pour les gros tissus, elle ne peut être employée pour les tissus fins et qui doivent être très-blancs; elle leur donne une teinte grisâtre qui s'enlève difficilement au blanchîment, et en outre il est presque impossible de la dépouiller entièrement d'une petite portion de son écorce qui n'est pas soluble dans l'eau et nuit à la rapidité du tissage en occasionnant souvent la rupture des fils. M. Dubuc a reconnu que les qualités de cette farine étaient dues à la présence de l'hydrochlorate de chaux, qui s'y rencontrait en plus grande quantité que dans les autres farines. Mais, frappé des objections opposées à son usage, il a proposé plusieurs autres paremens dont un est adopté dans quelques fabriques. Il se compose d'une livre de farine de pommes-de-terre, dix gros de gomme arabique cuits à petit feu dans quatre pintes d'eau en remuant sans cesse ; au bout de huit à dix minutes d'ébullition, on ajoute, suivant la saison, de six gros à une once d'hydrochlorate de chaux.

Pénétré des observations de M. Dubuc, nous avons été confirmé dans cette pensée que la fécule de marron, extraite d'un fruit abondant en alcali, pourrait convenir à la composition d'un parement en lui rendant une partie de l'alcali qui lui avait été enlevé pendant sa préparation, et en développant cet alcali par la cuisson ; à cet effet nous avons mêlé une demi-livre de farine de marron d'Inde, deux onces de farine de froment, et une once de gomme Sénégal (qu'on pourrait supprimer). Nous avons délayé le tout dans une quantité d'eau suffisante provenue du quatrième lavage de la fécule de marron d'Inde, et nous avons fait cuire ensuite avec le soin nécessaire.

Ce parement était onctueux, il s'étendait facilement sur les tissus et n'y laissait en séchant aucune aspérité ; il conservait pendant longtemps, même dans un lieu aéré, une souplesse convenable. Employé sur des fils de batiste écrue, ces fils sont devenus d'un beau blanc lorsqu'on les a blanchis par les procédés ordinaires.

Nous appellerons donc sur cet essai l'attention des manufacturiers de tissus de chanvre et de lin. Nous désirons ardemment qu'ils répètent ces expériences sur l'emploi du parement de farine de marron d'Inde, que nous croyons très-avantageux et très-économique.

Les propriétés que nous avons trouvées à la farine de marron d'Inde préparée avec ses eaux de lavage nous ont engagé à tenter un autre essai qui a pleinement réussi.

La lithographie est un art tellement naturalisé en France qu'il y a fait plus de progrès que dans les pays étrangers, et nos impressions dans ce genre sont peut-être maintenant supérieures à celles de l'inventeur.

Un des plus grands avantages de la lithographie est de pouvoir écrire sur un papier préparé appelé papier *autographe* ou de transport. L'écriture ou le dessin au trait, tracé sur ce papier avec de l'encre lithographique, est transporté sur la pierre au moyen de la pression et de l'humidité donnée au revers du papier et à un degré suffisant.

La préparation appliquée sur ce papier est un encollage que l'humidité liquéfie de telle sorte que l'écriture tracée sur cet enduit s'attache à la pierre et y adhère fortement. On s'est servi de diverses compositions pour cette préparation, et quelques lithographes font encore un secret des moyens qu'ils emploient.

Nous nous sommes procuré des papiers autographes de presque tous les établissemens, et nous avons vu que tous les enduits étaient composés des substances suivantes, combinées dans des proportions diverses ou employées seules : *colle forte*, *amidon*, *gomme-arabique*, *gomme-gutte*.

Aucun de ces papiers ne réunit tous les avantages qu'on peut désirer, et principalement celui de donner la certitude de la réussite d'un transport parfait.

Le papier préparé avec l'amidon seul ne laisse pas l'encre s'attacher assez facilement à la pierre, à moins qu'on n'emploie de l'eau tiède pour enlever le papier, ce qui étend les traits.

La gomme-arabique se liquéfie trop aisément, et le papier est sujet à glisser sous le râcle ou le rouleau.

La colle-forte est meilleure, mais outre l'inconvénient semblable à celui de la gomme-arabique, elle adhère assez fortement à la pierre, il est difficile de l'en débarrasser sans nuire à la pureté du trait, et de préparer ensuite convenablement la pierre pour l'impression.

La gomme-gutte ne peut guère être employée seule ; elle ne sert qu'à colorer l'encollage.

Sachant les inconvéniens de tous ces papiers, nous en avons préparé un dont l'amidon de marron d'Inde et ses eaux de lavage font la base principale.

Nous avons préparé aussi et à peu près de la même manière du papier à calquer autographe qui est aussi transparent que le plus beau papier de cette nature.

Ces papiers ont toujours bien réussi, ils transportent très-bien, l'encre s'en détache aisément en totalité; elle s'attache tellement à la pierre qu'on peut la laver à grande eau immédiatement après le transport. Jamais ce papier ne glisse sur la pierre, quel que soit le degré de pression. Il se conserve très-long-temps bon, et s'altère difficilement, à moins qu'il ne soit placé dans un lieu humide. Les écrivains et surtout les dessinateurs apprécieront sans doute l'avantage d'un bon papier de transport, et surtout d'un papier calque de transport, à l'aide duquel ils peuvent prendre le trait net d'un dessin, le transporter sur pierre et mettre ensuite les ombres, ce qui évite la difficulté souvent très-grande de dessiner ou d'écrire à l'envers. Si ce mémoire leur était particulièrement destiné, nous serions entré dans de plus grands détails sur les doses et la manière de préparer ce papier; mais nous nous réservons de leur faire connaître plus particulièrement la supériorité de l'amidon de marron sur toutes les autres préparations usitées pour le papier autographe.

Nous terminerons ce mémoire par une observation qui peut être digne de fixer l'attention : M. Vauquelin avait analysé les bourgeons de marronnier et en avait retiré une matière *résineuse* de couleur jaune verdâtre, se rapprochant beaucoup par ses propriétes de l'huile grasse.

Nous nous sommes procuré une assez grande quantité de pousses de marronnier au moment où ils sont couverts d'un enduit gommeux semblable à la glu ; nous avons vu que cet enduit se dissolvait assez facilement dans l'alcool chaud comme la gomme-laque, et quelques essais nous donnent lieu de croire que cette substance pourrait être employée avec avantage dans la composition de vernis qui seraient peu susceptibles de se fendre ou de se gercer.

Sennefelder lith.

Le Trait de ce Dessin a été transporté sur Pierre au moyen du Papier Autographe préparé avec l'Amidon de Marron d'inde

www.ingramcontent.com/pod-product-compliance
Ingram Content Group UK Ltd.
Pitfield, Milton Keynes, MK11 3LW, UK
UKHW020451180726
13839UKWH00004B/1763

9 782329 584485